广西自然科普丛书

中 国 南 珠

梁思奇　著

接力出版社
Publishing House ｜ 全国百佳图书出版单位
Top 100 Publishing Houses in China

图书在版编目（CIP）数据

中国南珠 / 梁思奇著 . —南宁：接力出版社，2022.9
（广西自然科普丛书）
ISBN 978-7-5448-7905-7

Ⅰ . ①中… Ⅱ . ①梁… Ⅲ . ①珍珠—介绍—中国 Ⅳ . ① S966.23

中国版本图书馆 CIP 数据核字（2022）第 168012 号

ZHONGGUO NAN ZHU
中国南珠

著　　者：梁思奇
策　　划：李元君
监　　制：李元君
摄　　影：陈业伟　郭庆华　黄庆坤　胡永昌　劳启力　梁思奇　李君光　李远杏
　　　　　廖　馨　李泽文　马继涛　王宏武　王　欣　吴志光　谢志山　杨玉燕
图片提供：南珠宫
学术顾问：张兴志
责任编辑：俞舒悦
装帧设计：REN2-STUDIO / 黄仁明　莫惠雯
责任校对：陈朝辉
责任印制：刘　签
社　　长：黄　俭　　总 编 辑：白　冰
出版发行：接力出版社
　　　　　社　　址：广西南宁市园湖南路 9 号　　邮　编：530022
　　　　　电　　话：0771-5866644（总编室）　传　真：0771-5850435（办公室）
印　　刷：广西昭泰子隆彩印有限责任公司
开　　本：710 毫米 × 1000 毫米　1/16
印　　张：10.25
字　　数：130 千字
版　　次：2022 年 9 月第 1 版
印　　次：2022 年 9 月第 1 次印刷
定　　价：48.00 元

目录

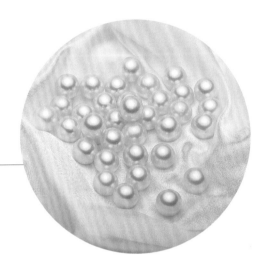

合浦产南珠

著名雕塑家叶毓山创作的北海市北部湾广场雕塑《南珠魂》，三面一体珍珠贝，
当中镶嵌着一颗直径 1.4 米的大珍珠

从成语"珠还合浦"说起

打开地图，中国共有 14 个沿海省级行政区，广西壮族自治区是我国 5 个自治区中唯一的沿海自治区，它毗邻"西部唯一的一片海"——北部湾。位于北部湾畔的北海市有一个动听的名字：珠城。

北海管辖下的合浦县，在汉代就是合浦郡的郡治（首府），距今已有两千多年历史。合浦古代以盛产珍珠著称，有"南珠之乡"的美誉，"珠还合浦"的成语就出自这里。

北部湾海景

海上夕阳如珠

东汉时期历任合浦郡太守大多十分贪婪，他们用尽各种办法搜括珍珠，使得珍珠贝都跑到了与交趾（今越南境）交界的海域去了，以此为生的百姓穷困潦倒。后来来了一位叫孟尝的太守，他取缔了强迫百姓采珠纳贡的弊政。这样珍珠贝很快迁回了合浦境内。至此，老百姓重返采珠业，安居乐业。

珠还合浦

尝到官 革易前敝 求民病利 曾未逾岁 去珠复还 百姓皆返其业 商货流通 称为神明

汉代合浦太守孟尝清廉有为，革除弊政，勤政为民，迁走的珍珠贝重新回到合浦，这就是"珠还合浦"的典故

《后汉书》关于孟尝的记载

合浦海角亭，为纪念"珠还合浦"的孟尝而建，最早建于宋朝，苏东坡曾题词：万里瞻天

北海白龙珍珠城合浦清廉太守孟尝石像

"珠还合浦"的成语，使得合浦珍珠广为人知。晶莹剔透的南珠成为了"文化之珠"，也是历史悠久、内涵丰富的"南珠文化"的载体。

南珠文化最为突出的，就是廉洁清明。除了"珠还合浦"的孟尝，合浦郡和后来的廉州府还涌现过许多清官廉吏：上任时谢绝"聚珠扇"的危祐，维护珠农利益与珠池太监斗争的李逊，充满爱民之心向皇帝陈情采珠之苦的林富，为官三年离任时"不持一珠"的张岳……

南珠文化中，还有"割股藏珠""吞珠化龙"等神话，以及与历史名人马援、王章、石崇相关的传说。历朝历代与南珠相关的诗词超过1800首（阕），李白、杜甫、白居易、王维、王勃、元稹、秦观、张祜、令狐楚、苏东坡、汤显祖、曹雪芹等都写过咏诵合浦珍珠的诗章。

历史上合浦叫"珠乡"，当地很多人文建筑都以"珠"为名，如还珠亭、还珠驿站、还珠书院等。清代合浦的家庭要是生了男孩，小名普遍叫"珠儿"，女儿则叫"珠娘"。

由于历史沿革，北海管辖合浦后被称为"珠城"。北海市中心北部湾广场和"天下第一滩"银滩，各有一座雕塑，都以"南珠"为主题。北部湾广场雕塑名为《南珠魂》，银滩的雕塑名为《潮》，都是以珍珠为灵感创作的。

南珠映碧海

合浦珍珠为何叫"南珠"？

世界上哪些地方产珍珠？

珍珠历来被视为奇珍至宝，它象征纯洁、美丽、富贵，与宝玉齐名。

世界上的珍珠分为淡水珍珠和海水珍珠。

生活在江河、湖泊、池塘、水库的蚌类生产淡水珍珠。美国是世界上最大的淡水珍珠生产国，主要的产地是密西西比河的支流。

中国也是淡水珍珠的主要出产国。清朝皇家专用的"北珠"（也叫"东珠"）就产自中国东北的黑龙江、松花江、鸭绿江流域。此外，江苏太湖、浙江诸暨、湖南洞庭湖也是我国主要的淡水珍珠产区。

淡水珍珠

浩渺无涯的大海，有着比陆地更加丰富的宝藏。海贝生成的珍珠，是大海赠予人类的宝物。它浑圆精致，色彩柔美，光泽迷人，同时也易于保存，深为人们所爱。

世界上出产珍珠的海域，集中在北纬7度至25度、南纬10度到17度之间。其中最大的产地是伊朗以西、沙特阿拉伯以东的波斯湾。波斯湾位于北纬25度。沿岸8—16米的浅水海域，水质和水温十分适宜珍珠贝生长。国际珠宝界把产于此地的海水珍珠称为"东方珍珠"。

另两个较大的海水珍珠产地为印度东南部的马德拉斯沿岸和斯里兰卡的马纳尔湾，分别位于北纬13度和北纬8度。由于水温较高，这里的珍珠生长速度较快，数量较多。这两个海域产的珍珠国际上通称东方珍珠。

海水珍珠

处于南纬 10 度至 15 度之间的澳大利亚西北部以及东北部沿岸海域，也是海水珍珠的产地。

澳洲白珍珠

澳大利亚西北部及印尼、菲律宾海域的珍珠统称为南洋珠。澳大利亚产的珍珠颜色纯白，光泽很强，市场上的金珠则主要来自东南亚国家。

南洋金珠

日本是亚洲最著名的产珠国，其东南沿岸海域盛产的珍珠被称为"东珠"。菲律宾、印度尼西亚和泰国的近岸海域也是亚洲主要的产珠地区。

日本 akoya 珍珠

　　南太平洋的塔希堤岛附近海域所产的珍珠，称为"大溪地珍珠"。大溪地珍珠主要是黑珍珠，它产于南纬 17 度的海域。中美洲的墨西哥、巴拿马和南美洲的委内瑞拉近海都出产珍珠，它们处于北纬 7 度到 25 度范围。气候温暖，是珍珠贝繁育的理想温床。

大溪地黑珍珠

北部湾以及邻近的南海近岸海域,是中国唯一出产海水珍珠的海域。这里古时候属于合浦郡的范围,包括北海、湛江、惠州、阳江等地以及海南附近的海域。这里所产的珍珠都叫做"合浦珍珠"。

合浦珍珠

"南珠"美名由来已久

说到合浦珍珠，人们常常听到一句话：东珠不如西珠，西珠不如南珠。它出自明末清初的学者屈大均。屈大均访察两广地区的地理形貌、风土人情和地方特产后，写了一本被称为"粤地百科全书"的《广东新语》。

书中的"珠"章节，有这样的记载：合浦珠名曰南珠，其出西洋者曰西珠，出东洋者曰东珠。东珠豆青色白，其光润不如西珠，西珠又不如南珠。

对于"东珠"和"西珠"，后人有不同的理解。有人认为"东珠"指日本珍珠，"西珠"指意大利等欧洲国家所产的珍珠。也有人认为"东珠"指清朝皇室专门享用的、产于东北一带的淡水珍珠，也叫"北珠"；"西珠"则是洋珠的统称。

但"南珠＝合浦珍珠"没有任何疑义。

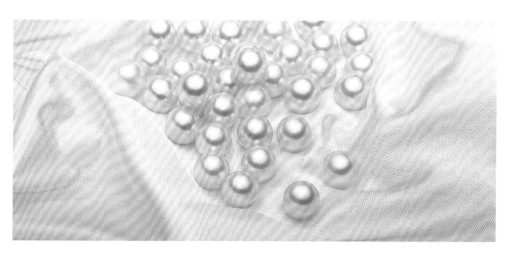

南珠

晶莹剔透的南珠

　　中国自秦代开始，京都的所在地大多在北方。珍珠是南方向北方朝廷进贡的特产，这应该是合浦珍珠被称为"南珠"最早的由来。

　　作为专有名词的"南珠"，在唐代已经出现。唐代诗人韩愈梦见僧人在自己的手掌上题写"南珠"两个字，他后来被贬谪到现在的广东潮州任太守，见到了南珠亭的遗址，便重建了这座用以纪念汉代合浦太守孟尝的亭子。

　　到了宋代，"南珠"的名称已经被普遍使用。北宋的郑雯所著的《岭南小识》中说："合浦产夜光（珠），世称'南珠'，产自杨梅（杨梅，指杨梅珠池，位于现在北海市铁山港区营盘镇白龙村）……"

明末清初岭南著名学者屈大均（1630—1696）将"合浦"与"南珠"挂钩，并将南珠称为"最佳珍珠"，给合浦冠上了"南珠之乡"的美誉。

2004年10月，"合浦南珠"获得国家批准原产地域产品保护，成为"地理标志产品"，批准书规定，产于北海市现辖行政区域内、面积约5200公顷的沿海15个小海区的珍珠，都属于"合浦南珠"。

而从更广的范围来说，整个北部湾水域，分布在广西、广东和海南等地出产的珍珠，都可笼统地理解为"南珠一族"。

走进北海，你会发现"南珠"无处不在：南珠车站、南珠广场、南珠宾馆、南珠大道、南珠社区、南珠商场、南珠饭店……北海市举办"国际珍珠节"、合浦县举办"采珠节"，当地举办的各种节庆活动，都在展现和传播着南珠的美名。

北海歌舞团音乐剧《珠还合浦》剧照

23

贡品南珠

产自神秘大海的珍珠，因为稀罕而珍贵，从而成为地位、身份、财富的象征。在古代，这些在大海中采获的珍珠，最大的一个去处就是进贡给皇帝，成为历朝历代皇家的专享物。

南珠从商朝起就成为贡品。商朝天子商汤命令大臣伊尹颁布"四方令"，要求各地进贡土特产。当时的越地（现合浦）开出的进贡清单中，就有珍珠以及玳瑁、象牙、犀角等。

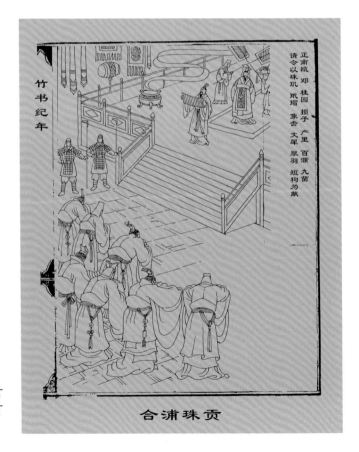

商汤颁布的"四方令"中，各地进贡天子的清单，就有古代合浦进贡珍珠的记载

明代廉州珠市的热闹景象，大量江浙、福建、广东的客商前来采购珍珠

　　从那个时候起，合浦珍珠的贡品地位一直延续下来。皇帝不仅用征贡来的珍珠装饰皇冠皇袍、车乘器物和宫殿居室，将珍珠赏赐给朝廷命官和皇亲国戚，还用珍珠做自己的陪葬品。

朝珠

26

天子冕旒礼冠

珍珠龙冠

珍珠龙靴

珍珠龙袍

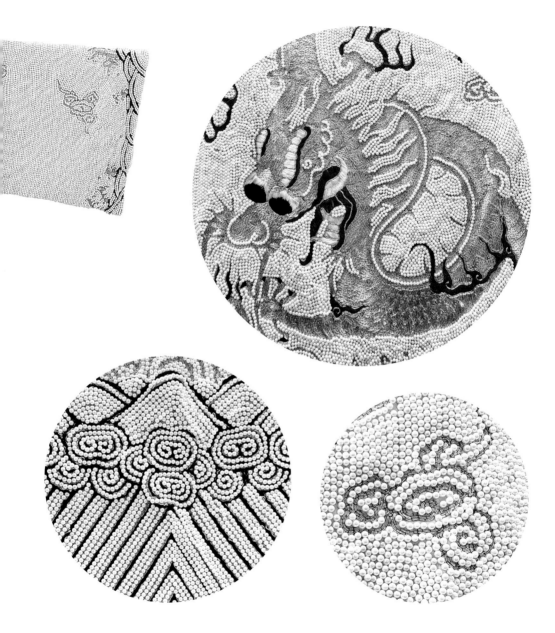

　　广西北海南珠宫博物馆镇馆之宝——仿明代珍珠龙袍，熠熠生辉，奢华无比。它按照明朝万历皇帝的龙袍1：1手工仿制，共镶嵌了约50000颗南珠。此外，龙冠镶嵌了约3800颗南珠，龙靴镶嵌了约11300颗南珠。

北海白龙珍珠城南门遗址。这个珍珠城建于明朝洪武年间，是太监们坐镇监采珍珠的地方

　　官方采珠的历史开始于三国时期。在那之前海边百姓可以随意下海采捞珍珠，然后由地方官员征收进贡给皇帝。三国时合浦为吴国的孙权所占据，他将出产珍珠的海域占为己有，专门设立了一个珠官郡，并派兵把守，从此开启了皇帝垄断采珠的历史。

　　由于南珠为天然所产，如果过度采捕，资源容易受到破坏。因此，珍珠的命运完全受着皇帝"作风"的影响：如果皇帝讲究节俭，不尚奢华，珍珠就得到保护；如果皇帝讲究排场，骄奢淫逸，珍珠就因滥采而受害。在唐朝中后期，合浦珠池因为频繁采捕而发生"珠逃不见"的现象。

正统皇朝搜刮珍珠，割据地方的小王朝更是有过之而无不及。宋代之前有个南汉国，辖地为现在的广东、广西和海南，四任皇帝只统治了54年，但却个个嗜珠如命，还在合浦专门设立"媚川都"，派遣了8000名士兵负责采珠，用征收的珍珠装饰宫殿车马。皇帝还在宫殿里挖了一个人工珠池，放进无数珍珠。这个南汉国被宋太祖灭"国"时，国库还存有46瓮上好珍珠。

宋代开国皇帝宋太祖撤销了南汉设立的媚川都，遣散专门采珠的"蛋丁"，采珠业因此得以休养生息。继位的宋太宗则是一个"爱珠人士"，他专门设立了"珍珠税"。宋太宗曾在不到八年时间内三次征贡合浦珍珠，折算成现在的数量，分别为50千克、25千克和805千克。

明代在合浦的历史上采珠最多。朱元璋当皇帝后第七年（1374年），为了防御倭寇，下令在廉州的白龙村建造白龙城，它后来变成了监办采珠的场所，有太监驻扎。白龙城南北长320多米，东西宽230多米，高达6米的城墙，均用珍珠贝壳混合着黄土夯筑而成。经过数百年风雨侵蚀，这座规模宏大的珍珠城现在只剩下南门遗址。

贝壳与黏土夯成的白龙珍珠城城墙残垣

白龙珍珠城附近遗存的珍珠贝壳

据不完全统计，明朝皇帝发布的采珠令达二三十次之多。最大规模的采珠发生在弘治十二年（1499年），此次采珠一共征用大小船只600艘，出动了1万人，收获珍珠28000两；但也付出了沉重代价：近600人病死或淹死，超过100艘船只被风浪打坏或失踪。

明朝这种杀鸡取卵式的采珠，使得合浦珍珠的繁盛一去不复返。到了清朝，官府组织的几次采珠都收获无几。至清朝末年，采珠季节合浦沿海只有20余艘船只采捕珍珠，经常入不敷出。

到了中华民国，合浦以采珠为业者已寥寥无几。"得天独厚"的南珠在历朝历代官府的横征暴敛下，终于走到了"死尽明珠空海水"的穷途末路。

珍珠的产生

珍珠是"痛苦的结晶"

珍珠差不多跟恐龙"同龄"，起码在两亿年前就已经出现在地球上。中国四千多年前的《尚书·禹贡》就有河蚌产珠的记载。

美丽的珍珠是怎么形成的呢？很久以来人们有着各种猜测和想象。在印度神话中，珍珠是因为露珠滴到浮出海面呼吸的牡蛎壳而形成的。而希腊人认为是维纳斯身上的水珠变成了珍珠。

中国古代关于珍珠是鲛人眼泪的说法最为流行：传说南海居住着一种鲛人，它鱼尾人身，每天都在不停地织布，哭泣时眼睛就会流出一颗颗珍珠。

此外，中国还有"映月成珠"的传说：认为是蚌贝吸收月亮的精华形成了珍珠。每年农历十五，海贝和河蚌就张开甲壳"晒"月亮，并随着月亮东升西沉不时翻身，以便更多地汲取月亮的魂魄。

"鲛人泣珠""映月成珠"的传说，一方面表达了人们对美丽珍珠的喜爱；另一方面，也反映出古人对科学知识的缺乏。

从 16 世纪中叶起，围绕着珍珠的成因，世界上不少学者提出过各种见解。有人认为珍珠是贝类的一种结石，还有人认为是贝类体内的流质滞留形成珍珠。直到 17 世纪 70 年代，人们对珍珠的认识才初步逼近真相：珍珠是砂粒之类的异物进入贝类体内发生"病变现象"的结果。

经过科学家不断的深入研究，异物入侵导致病变形成天然珍珠的过程进一步得到了揭示：珍珠贝的外套膜有分泌珍珠质的功能——贝蚌在张开甲壳摄食的过程中，砂粒、寄生虫等异物偶然进入其体内，并在其外套膜上形成凹痕，促使这部分外套膜表皮细胞增殖，形成了珍珠囊。母贝不断分泌的珍珠质一层层将异物包裹起来，就形成了珍珠。

并不是每个蚌贝体内都有珍珠。由于异物入侵形成的珍珠囊位置不同，因而形成的珍珠也不太一样。有的异物的一面附着在贝壳内侧，外套膜分泌的珍珠质将之包裹形成了附壁珠，它们一般呈现半圆形；有的异物落在结缔组织中，外套膜分泌的珍珠质将其包裹形成了游离珠，它就是人们常见的圆溜溜、亮晶晶的珍珠。但不管是附壁珠还是游离珠，它们其实都是有核的，只不过有的核太过细小，肉眼看不到罢了。

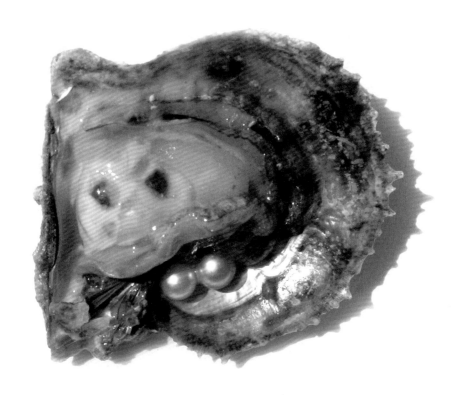

每个马氏珠母贝一般产珠一至两颗

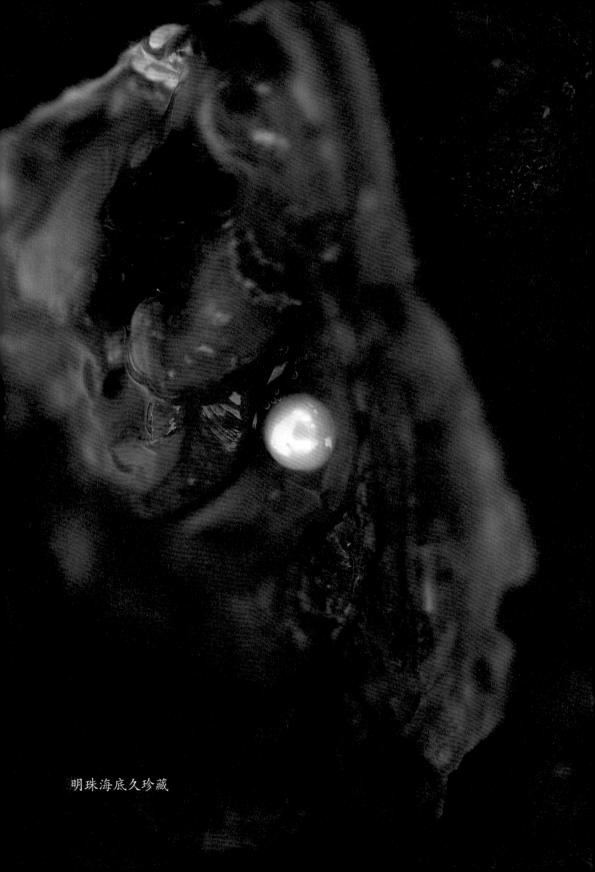

明珠海底久珍藏

经科学测定，一颗珍珠的成分中，碳酸钙约占91.6%，水占4.0%，有机物4.0%，其他物质约为0.4%。珍珠的碳酸钙来源主要是贝类的食物——微小浮游植物和有机碎屑。贝类将饵料摄食后形成富集，再分泌珍珠质。此外，碳酸钙还来自贝类外套膜的表皮细胞直接从海水中吸收的钙。

晶莹圆润的珍珠，在显微镜下呈现出非常有规律的结构：它由一个比一个大的极薄的同心圆珠层叠加而成。珍珠越大，层次越多。因此，珍珠被业内人士称为"千层皮"。

肉眼看上去，珍珠表面均匀平滑，实际上它由方解石晶体、霰石晶体的棱柱体、片状体不规则地互相叠置而成。这种不规则排列，使珍珠形成多角度的绕射，呈现柔美的虹彩，这也是珍珠看上去有一种不同于瓷器的闪亮光泽的原因。晶体排列越紧密，珍珠的光泽就越晶亮。珍珠贝生活水域的水质和水温对晶体的形成都有影响。

历史上一直有夜明珠的传说。司马迁的《史记》记载：魏王与齐威王一起打猎时声称自己有"径寸之珠"，可挂在车头照路。慈禧太后陵墓被军阀孙殿英盗挖时，据说慈禧太后口中也含着一颗熠熠发光的珠子。从珍珠的成分来说，它本身不会发光。所谓的夜明珠可能是某些特殊矿物打磨成的圆形珠子，与珍珠并无关系。

哪些海贝产珠?

并不是所有的淡水蚌和海水贝都能产珠。中国的淡水蚌主要有三角帆蚌、褶纹冠蚌、大蚌、椭圆背角无齿蚌、背角无齿蚌、背瘤丽蚌、猪耳丽蚌等。

目前发现世界上有 30 多种海贝能够生成珍珠,包括巨大的砗磲。它们有个统称:珍珠贝科。中国能够生成珍珠的海贝有 16 种,主要分布在亚热带的海域。

一般来说,越大的贝类,所产的珍珠颗粒越大。目前世界上最大的珍珠,发现于菲律宾的巴拉望岛附近,重达 6.4 千克,但形状不规则,呈椭圆形,样子有点像人的大脑。它之所以珍贵,主要是因为个头硕大。

一方水土养一方人,一方海域也养一方珠。中国的产珠海贝主要有马氏珠母贝、大珠母贝等。

海贝产珠

马氏珠母贝

马氏珠母贝

　　马氏珠母贝主要分布在广西北海、钦州、防城港的北部湾地区，广东雷州半岛的湛江和阳江、惠州、汕头，福建的东山岛、漳州，以及海南、台湾的沿海海域。马氏珠母贝是世界范围内养殖最广泛的海水珍珠贝。

北海海域大量繁育出产南珠的马氏珠母贝

白蝶贝

大珠母贝

　　大珠母贝又名白蝶贝，个体较大，可达12厘米以上。我国白蝶贝主要分布在海南的陵水县及海南岛西部海域，广西北海涠洲岛周边、广东雷州湾、澎湖列岛、台湾岛沿海也有分布。

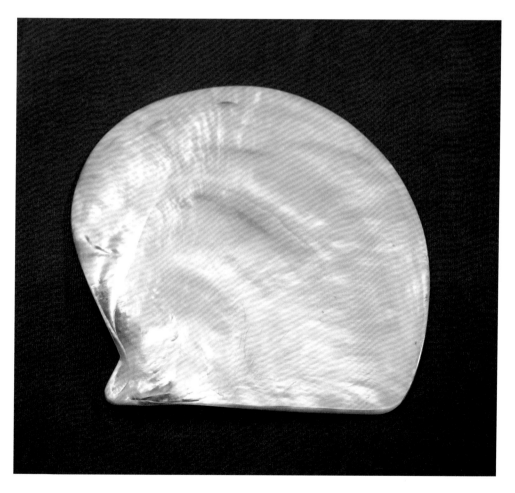

产大珍珠的大珠母贝，又称白蝶贝

黑蝶贝

珠母贝

珠母贝又名黑蝶贝，个体较大珠母贝略小，贝壳黑褐色。大多分布在广西北海涠洲岛及广东雷州半岛的湛江附近海域，海南岛周围也有分布，是天然产珠较多的珍珠贝。

产黑珍珠的黑蝶贝

企鹅珍珠贝

企鹅珍珠贝

　　企鹅珍珠贝呈斜四方形，壳黑色，形状有如伸着脖子的企鹅。广西北海涠洲岛、广东雷州半岛的湛江和海南岛周边的海域均有分布。

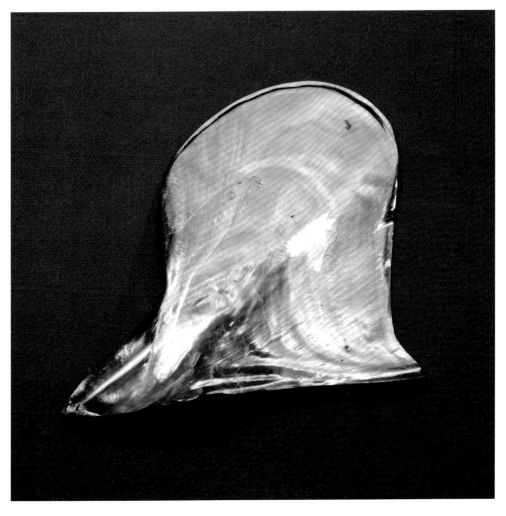

企鹅珍珠贝外形像企鹅

解氏珍珠贝

解氏珍珠贝

解氏珍珠贝外形跟马氏珠母贝相似，但贝壳较薄，易碎。广西北海，福建东山岛，广东阳江、惠州的海域均有分布。

主要产药珠的解氏珍珠贝

除了上述几种珠贝，在北海的高德港海域还盛产一种海月珠贝，又称"薄蚌珍珠贝"，它是马氏珠母贝的"姊妹贝"，外壳扁平，壳质薄脆，产珠较多，珠粒细小如粟米，一般不能用来制作装饰品，但它是药用天然珠的重要来源。

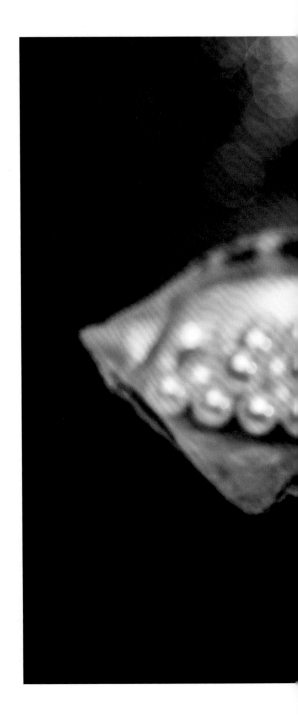

母肥子壮，贝肥珠大

南珠之母——马氏珠母贝

生产南珠的海贝，名为"马氏珠母贝"。因为主要繁育地为古代的合浦郡海域，因此又得名"合浦珠母贝"。

马氏珠母贝个体不大，壳呈灰褐或青褐色，其貌不扬。它的左壳比右壳稍显鼓胀，附着在海底时，右壳朝下；边缘稍显锯齿状，其后耳突出，后耳与后缘之间有一凹陷，是它用来移动的足丝"藏身处"。从它的壳顶向腹缘有 5 至 7 条放射状粗线，还有许多与之垂直的生长线。生长线距离较宽，表明贝体健康，成长快。生长线多，说明贝龄大。

马氏珠母贝除了口、唇瓣、食道、消化腺、肠、生殖腺和闭壳肌外，还有一个非常重要的器官：外套膜。它的左右两瓣外套膜跟壳体一样大小，在贝壳里包裹着整个贝体，在背部连接。外套膜中间薄，边缘厚，在外套膜正中部分的周围，有许多根状的外套肌束向外延伸。在肌束与外套膜缘之间，有一条淡黄色的色线。由色线至外套膜边缘部分的外套膜相对较厚，称外套膜缘，形成珍珠的珍珠质即由此分泌。

马氏珠母贝栖息在靠近低潮线的海域，以及水深 10—20 米的浅海。幼贝阶段，多在低潮线至水深 3 米左右的海域，长大后迁至 5—7 米较深处。由于需要用足丝附着海底，因此其栖息的海底底质多为沙、泥沙与砾石混杂，水的透明度较好。

马氏珠母贝适合在热带和亚热带海域生长，海水温度在 15℃—30℃之间，在这个范围内，温度越高，珠粒生长越快。但如果超过 30℃，它就会没有精神；水温降至 13℃时，新陈代谢功能显著降低；

若低至 1℃时，则停止活动处于休眠状态，温度更低时会出现死亡。

海水盐度对马氏珠母贝也有较大影响。不同海域海水的含盐量不同，马氏珠母贝最适宜生活的比重在 1.020—1.025 之间。如果海水比重下降至 1.006 以下，持续时间超过 24 小时珠贝就会大量死亡；比重高至 1.030 以上，它也会严重不适。因此，持续的大量降雨会不利于马氏珠母贝的生长。

马氏珠母贝以微小浮游动植物、有机碎屑为饵料，包括甲壳类的幼体、硅藻、甲藻等。它安静地侧卧在海底，以"守株待兔"的方式懒洋洋地等待食物送到嘴边，摄食时通过贝壳的开闭、外套膜触手的摆动、鳃的过滤和输送、唇瓣的选择，将食物吃进"肚"里。由于是被动觅食，海域饵料是否丰富对马氏珠母贝的生长速度和珍珠质量起着关键作用。

马氏珠母贝的"脚"是许多游丝，俗称"丝足"，这些丝足帮助它们"趴"在混有石砾、贝壳碎屑的沙泥海底。如果感觉在某个地方"住"得不舒服，它们就会自行"断足"，用足基组织慢慢移动离开。它们有时也"快跑"：两扇贝壳急速地一张一合，借助后坐力喷水滑行，有点像喷气机。

马氏珠母贝具有变性的能力：除少数雌雄同体外，它通常分公母（雌雄异体），但有少数马氏珠母贝"年轻"时由雄性变成雌性，"老年"后又由雌性变为雄性。马氏珠母贝性成熟较早，一岁时的雌贝就具备繁殖能力，雄贝性成熟还要早一些。

研究者曾经做过检验：在同一个马氏珠母贝群体中，低龄期的雄性个体明显多于雌性个体；到了繁殖最盛时——一般约为三岁，雌性个体

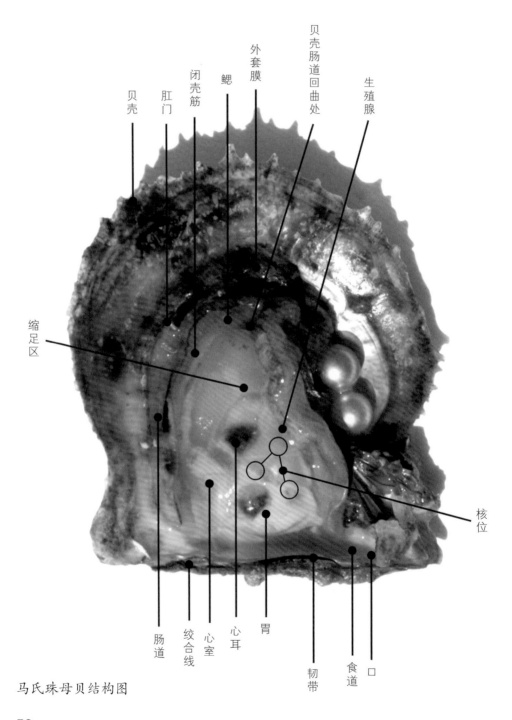

贝壳　肛门　闭壳筋　鳃　外套膜　贝壳肠道回曲处　生殖腺

缩足区

核位

肠道　绞合线　心室　心耳　胃　韧带　食道　口

马氏珠母贝结构图

则多于雄性个体，雌雄比约为 54 ∶ 46；过了繁殖最盛期，雄性个体重新变成多数，远超过雌性个体，雌雄比约为 22 ∶ 78。

马氏珠母贝是群居的生物。历史上把某个繁育旺盛、经常采到珍珠的海域称为"珠池"。随着岁月流逝，合浦海域珠池的马氏珠母贝变得稀少甚至毫无踪迹。除了人类的滥捕，可能还有地球气候变化和海洋生物链因素的影响。马氏珠母贝迁离的真相至今仍然未能完全揭开。人们知道的是，马氏珠母贝"集体搬家"的距离十分遥远。成语典故"珠还合浦"就是动静最大的一次，马氏珠母贝居然迁徙到了与交趾交界的海域，然后又迁了回来。

想象一下那种壮观的景象吧：成千上万的马氏珠母贝向着一个方向蠕动，或者贝壳一张一合飞翔。可惜这一幕发生在神秘的海底，未能像非洲草原的动物大迁徙那样为人们所目睹。

马氏珠母贝的寿命一般为 11—12 年。一岁时发育最快，随着贝龄增长，生长速度随之减缓；三岁之后，更是迅速下降。从捕捞到的天然珠母贝发现，三岁龄的珠贝继续养育之后，个体基本不再长大。每年 5—10 月温度较高时，是它们长得最快的时候，也是它们的繁殖期。要是某一年水温回升早，繁殖期就相对提前。

涠洲岛海域是南珠养殖的胜地，岛的周边有着丰富繁茂的珊瑚礁生态系统

马氏珠母贝虽然"贝口"众多，却也难逃许多天敌的伤害，如章鱼、海星、海鳗，它们会趁珠母贝张开双壳时将贝肉吃掉；蟹类也会将马氏珠母贝的丝足吃掉，并用它们的"魔爪"钳食贝肉。有一种凿贝才女虫则会在贝壳上钻洞，导致马氏珠母贝死亡。常见的危害还有藤壶、牡蛎、海鞘、海绵等，它们附着在马氏珠母贝的外壳上，影响其摄食。

　　特别值得一提的是，因为海洋污染，越来越频繁出现的赤潮中的红色海藻，也会导致马氏珠母贝严重缺氧而成批死亡。

北海竹林盐场的红树林潮沟。正是丰茂的红树林形成的生态系统提供了南珠繁育的温床

北部湾是马氏珠母贝栖息的温床。这一带海域处于亚热带，阳光充足，气候温暖，年日照时间达 1995 小时，年降雨量 1680 毫米左右，年均气温 21℃—23℃，海水表层水温年平均 23.7℃。周围没有大河注入，盐度适中，海水洁净，最低潮位 0.5 米到水深 10 米的海区，都是沙泥或石砾底质；加上北部湾生长有繁茂的红树林，为浮游生物提供了丰富的饵料。这些因素为暖水性的马氏珠母贝提供了生存条件，也为历史上合浦盛产珍珠创造了得天独厚的条件。

北海山口国家级红树林保护区

红树白鹭衬珠城

交池悬宝藏，长夜发珠光。（汤显祖《阳江避热入海，至涠洲，夜看珠池作，寄郭廉州》）

光含白露生琼海，色似明霞接绛河。（屈大均《采珠词》）

珍珠的效用

南珠的功效和用途

珍珠不仅是美丽典雅的饰物，还是传统中医的珍贵药材，是中国医学宝库里的明星。从汉末的《名医别录》到今天的《中华人民共和国药典》和《中药大辞典》，有上百种医学著作对珍珠的疗效有明确记录。

明代李时珍的《本草纲目》介绍，"真珠'咸、甘、寒、无毒'"，具有安神定惊、明目消翳、解毒生肌等功效。就药用价值而言，海水珍珠比淡水珍珠更有优势，古人认为入药的"真珠"——"产于合浦者为正地道"。因此，医方中的"真珠"一般专指南珠，有时也写成"廉珠、白龙珠"。

民间经常用珍珠粉治疗烧伤、创伤和口腔溃疡。北海民间有一种风俗，新生儿出生后，用珍珠粉抹擦全身，认为这样可以让人不易生痱子和疗疮。

南珠还具有护肤美容的独特功效。武则天、慈禧太后驻颜有术，据传就是内服外敷珍珠粉的缘故。

现代科研表明，珍珠的主要成分是碳酸钙，其次为角质蛋白。角质蛋白是珍珠入药的关键。海水珍珠水解后能生成 22 种氨基酸，淡水珍珠只有 18 种。海水珍珠所含的铝、铜、铁、锰、钠、锌、硅、钛、锶、钡、银、镍、硒、锗等微量元素，大部分明显高于淡水珍珠，而硒、锗等元素，是公认的防癌、抗衰老物质。

马氏珠母贝内层为制造美容护肤品和药品的珍珠层

珍珠中部分成分有很强的杀菌作用，针对金黄色葡萄球菌的杀菌效果尤其明显。它的护肤作用则缘于能促进人体肌肤超氧化物歧化酶（SOD）的活性，它能抑制黑色素的合成，保持皮肤白皙。SOD还具有清除自由基的作用，促进新生细胞合成，并不断补充到皮肤表层，使皮肤光滑、细腻、有弹性。

人们提取并利用南珠中所含物质，研发出了许多药品、保健品和护肤品，不少中成药就以珍珠为主要成分。近年来结合纳米技术开发的"珍珠抑菌液"等，杀菌消毒、消炎生肌效果十分显著。

随着科研不断深入，人们从珍珠贝壳和贝肉中提取到高纯度的天然牛磺酸，其含量为各种海产品之最。天然牛磺酸应用广泛，价格昂贵，是许多药品、保健品的原料。

除了珍珠本身，珍珠贝肉和珍珠贝壳也是宝物。合浦历史上有"穿珠食珠"的说法：人们把珍珠贝肉当作食物时，常常将细如粱粟的珠粒吞进肚子里。在明代，采珠季节因为珍珠贝肉太多，珠民将吃不完的珍珠贝肉晾晒或腌渍起来备用。

珍珠贝肉是非常美味的海鲜，含有丰富的蛋白质，脂肪含量很少，营养可与鲍鱼相媲美，因此有"假鲍"之称。可葱爆，可鲜炒，可煮汤，有一种别的海鲜少有的清甜。北海的珍珠螺肉粥是招待贵宾的佳肴，客人如吃到遗漏的珍珠，被认为是一个好意头。

令人馋涎欲滴的珍珠贝肉

将贝壳磨成薄片，镶嵌在器物表面，形成人物、花鸟、几何图形或文字，这种工艺叫螺钿工艺，是中国特有的传统艺术瑰宝。由于贝壳是一种天然之物，天生丽质，立体感强，肌理清晰，坚固耐用，因而被广泛应用于漆器、木雕、家具、乐器和日常用品上面。20世纪七八十年代，

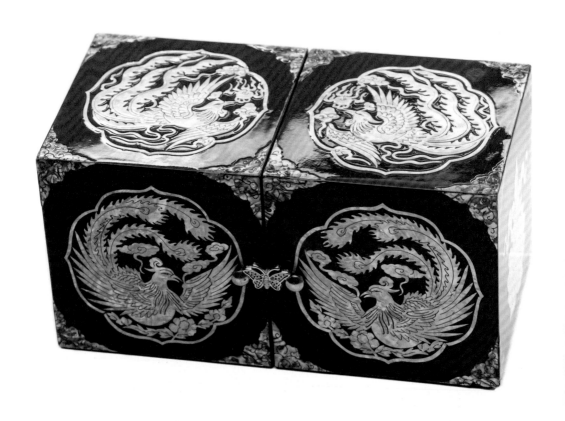

贝壳与家具、日常用品结合的精美螺钿工艺

北海贝雕曾是广西重要的出口创汇物资和对外交往的礼品。2021年北海贝雕工艺入选国家级非物质文化遗产名录，成为北海的文化品牌。

人们还用珍珠贝壳制作纽扣和风铃、挂帘、屏风，特别是各种摆件工艺品，天然素朴，别具特色，深受人们的青睐。

精美的螺钿工艺

贵重的南珠饰品及南珠护肤品

珍珠饰品

珠光宝气，珠圆玉润，珍珠是美丽和富贵的化身。稀罕贵重的珍珠，在历朝历代都是贡品，主要的作用就是装饰，皇冠朝服、御用器物、宫廷梁柱等都要用到珍珠。珍珠更是赠予尊贵女性的不二选择，如汉成帝刘骜送给皇后赵飞燕的妹妹赵合德的合浦圆珠珥、唐玄宗立为皇太子时敬奉武则天的合浦珍珠、慈禧太后的珍珠凤冠，都说明南珠作为装饰品的崇高地位。

"旧时王谢堂前燕，飞入寻常百姓家"，爱美之心，人皆有之，珍珠成为女性的至爱，不仅因为它能扮美，还能护美。

现如今，工匠们可根据珍珠的形状、大小、色彩、光泽，按照人们不同的喜好做成串珠，或者与金银器镶嵌成戒指、领带夹、发饰、胸饰、耳饰、鼻饰、脐饰等。珍珠饰品的制作，集镶嵌、錾花、制胎、翻模、焊接、电镀等工艺于一炉，这既是一门需要一丝不苟工匠精神的技术，更要有深厚的艺术素养、别出心裁的审美能力，特别是对时尚的领悟和感受。

南洋白珠耳环

南洋金珠项链 "蝶恋花"

南洋黑珍珠项链

珠饰的佩戴，要结合女性的年龄、肤色、脸形、场合、服装，方能恰如其分地展示出魅力和个性。

最常见的珍珠饰品是珍珠项链，业内过去分单套链、双套链、三套链和镶嵌链。现在一般按长度分为五款：轻松款（35—41厘米）、公主款（43—48厘米）、休闲款（51—63厘米）、歌剧款（66—91厘米）、超长款（94厘米以上）。轻松款具有"普适性"，适合女性日常佩戴；公主款宜搭配圆领、低领和低胸装；休闲款适合休闲装和职业装；歌剧款与高领衣、晚装比较搭，具有复古或前卫风格；超长款珠链可以系在腰间或戴在肩膀上，时尚气息浓厚。

珍珠项链

与金银镶嵌制作的珍珠戒指，受到越来越多人的喜爱。不同色彩的珍珠寓意不同，每个人的爱好不一样，珍珠戒指各有所好，"各花入各眼"。民间传说珍珠吸取月亮精华而成，珍珠戒指较好地表达了人们对爱情花好月圆、婚姻心心相印的期待和寄托，成为生活幸福的象征。

南珠也常用于制作耳饰，有耳钉式和吊坠式，前者为女性增添内敛柔美感，后者则突出妩媚与成熟。

珍珠饰品对脸形的修饰比较讲究。圆脸一般应佩戴圆形的吊坠耳环和较长的项链，单颗的圆形或椭圆的吊坠式耳环，使得脸形修长一些；方脸宜选择 V 形或者中长度的项链；尖形脸则应佩戴短项链或者 V 形吊坠项链，以及圆形珍珠耳饰，脸廓显得相对柔和；鹅蛋脸型佩戴任何款式的项链和耳饰都很合适。

珍珠耳饰

珍珠耳饰

珍珠戒指

　　不同的珠饰，给人感觉迥异不同，如天真或成熟，娴静或张扬，沉稳或热烈。一般来说，少女应佩戴颗粒较小的珍珠；成年女性年龄越大，宜佩戴颗粒越大的南珠。皮肤白嫩的女性与彩色或深色系列的珠饰较搭；深色皮肤，佩戴浅色系珠饰更相宜。黄种人和黑种人佩戴冷色调的珍珠较好，白种人则宜佩戴暖色调的首饰。

　　珠饰体现女性的格调和品位。职场的普通女职员，白衬衣搭配浅色系珠链，配上耳钉，给人精明能干、成熟稳重之感；而管理层女职员，洁白的南珠饰品，突出其人情练达，富于修养。在政务、商务活动等重

珍珠饰品套装

要场合，佩戴得当的珠饰，能给女性平添一种端庄典雅、仪态万方的魅力。

珠饰对服装有着画龙点睛的作用。出席晚宴或其他重要社交场合，黑色珠链与红色服装是最好的标配，显得隆重而别具韵味；米色衣服搭配白色珠饰，一种优雅、干练的气质扑面而来。

随着人们生活水平的提高，南珠首饰的开发还远远满足不了人们的需要，特别是与金银、玉石搭配的设计开发前景广阔。满足人们丰富多元的审美需要，是南珠饰品值得努力探索的方向。

珍珠饰品加工流程

原珠分类

前处理

漂白

打孔

分选

穿链

设计

执模

抛光

炸色

镶石

镶嵌

珍珠护肤品

"珍珠出廉州,主润泽皮肤,悦人颜色""涂面,令人润泽好颜色……除面斑""珍珠令妇人美白",古籍中有许多关于南珠美容的记载。海水珍珠粉和淡水珍珠粉都有美容护肤作用,但海水珍珠的微量元素、天然牛磺酸比淡水珍珠高,其美容护肤的效果更为显著。

人们对南珠美白、去斑、恢复皮肤弹性的美容作用知之甚久。传说武则天因为定时内服外敷南珠,63岁登基时"虽春秋高,芳自润泽,虽左右而不悟其衰"。慈禧太后除了佩戴南珠项链,还长期服用南珠粉,60岁时肌肤状态仍很好。

南珠的保健美容作用,源于碳酸钙和丰富的微量元素及人体必需的

外国友人正在选购南珠

多种氨基酸，特别是天然牛磺酸。

　　把珍珠磨成粉末，内服可补充随着年龄增长加快流失的生命元素，改善新陈代谢功能；外敷则能直接滋养皮肤，形成保护层。南珠帮助人们内外兼修，有效延缓岁月不饶人的影响。

马氏珠母贝的珍珠质内层是制作珍珠粉最好的原料

　　商场上以南珠粉为原料的美容护肤品琳琅满目，如美白珍珠霜、珍珠祛斑膏、增白珍珠洗面奶、珍珠柔肤水、珍珠美白去皱面膜、珍珠祛痘霜、珍珠痱子粉、珍珠眼霜、珍珠晚霜、珍珠粉底、珍珠护发素等，也有直接销售的珍珠粉末。最高级的南珠粉，用采珠时获得的细碎天然珠粒研磨而成，纯净，无杂质，价格昂贵，珠农一般不出售，而是置于家中以备小孩高烧、惊风时应急使用，不用作美容护肤的原料。次一级的珍珠粉则用不宜做首饰的次珠磨成。

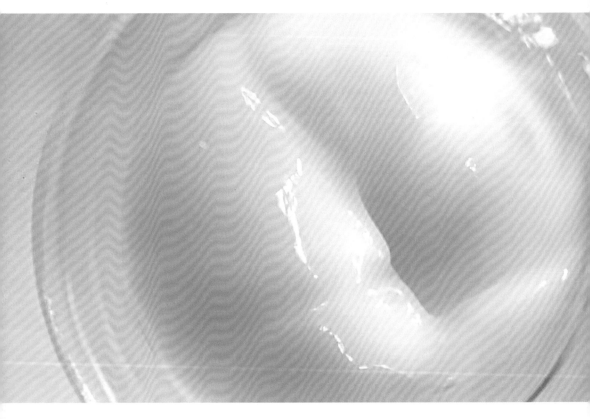

珍珠霜

人们常用的珍珠粉，更多的是用马氏珠母贝晶莹发亮的内层制成，它是与珍珠同样成分的珍珠质，珍珠粉的美容护肤功能就源自它。因此，原料的选取和加工规范与否，决定着珍珠粉的质量优劣。市场上直接手工研磨销售的南珠粉，由于细度不够，不管是服用还是外敷，都影响到人体吸收。

南珠粉的质量，可用"看、嗅、尝"三种方法，结合价格鉴定。用南珠或贝壳内层制作的南珠粉，颜色均匀洁白，不掺杂质；如果采用纳米技术加工，在光线照射下，还会呈现浅灰色。而用蚌壳制成的假粉则比真粉偏白，灯光照射下甚至闪闪发亮。

　　南珠粉属于蛋白质、碳酸钙以及微量元素的混合体。由于母贝长期生活在海里，制成的珍珠粉闻起来会有一丝淡淡的腥味，入口即化，略带咸味。相反，假的南珠粉没有咸腥味，而且感觉比较粗糙。

马氏珠母贝内层是与珍珠成分一样的珍珠质

古代采珠与现代珍珠养殖

涠洲岛南珠养殖场

疍户采珠

瑞采含辉水一湾，

天生老蚌济民艰。

曾驱万命沉渊底，

争似当年去不还。

（明·赵瑶《还珠亭》）

古时采珠图

历史上，南珠一直都是贡品，是皇亲国戚、达官贵人炫富耀贵的珍玩，但它是无数采珠人用性命换来的。

靠山吃山，靠海吃海。盛产珍珠的合浦，养育了熟习水性的采珠人。三国时候万震的《南州异物志》记载合浦人擅长游泳，十来岁的小孩就开始练习潜水摸贝寻珠。

这些入海采珠为生的珠民被称为"蜑（音dàn）民"或"疍户"。他们生活在船上，生吃食物，由于

94

长年练习，故能在水下睁开眼睛，很容易发现珠贝。

珠民采珠的地方叫"珠池"，它们是凹陷状的某个特定海域，浮游物丰富，海底常常有淡水渗出。由于马氏珠母贝的聚居习惯，它们在这种沙泥或石砾底质的海域栖息繁育，珠民常在那里采获珍珠，把它想象成一个出产珍珠的池子。合浦海域珠池密布，从唐朝起这片海就有"珠母海"之称。

古人把繁育珠贝经常采珠的局部海域称之为"珠池"，合浦历史上有七个著名的珠池，清朝康熙版《廉州府志》记载，分别为乌泥、海珠沙、平江、独揽沙、杨梅、青婴、断望。杨梅池又叫"白龙池"，是其中最大的一个。因为珠池环境不同，出产的珍珠颜色有所区别，有的偏黄，有的偏白，有的偏灰，明代人认为断望池的珍珠最好，清朝人则称白龙池的珍珠为上品。

这七大珠池分布在北海从东边的山口、乌泥至西边冠头岭与大风江港之间，南边达涠洲岛以南的长方形海区，东西约 90 千米，南北宽约30 千米。除了这七大珠池，其他珠池因为采不到珍珠逐渐被人遗忘，如永安、对达、手巾、竹林、独揽沙等。

疍民采珠要潜到浅则几米，深则十几米、几十米的海里。他们将绳子缚在腰间，携带着竹篮下潜，采到的珠贝装进篮子里，摇动绳子，船上的人就连人带篮拉出水面。

为了在水里待更长时间，聪明的采珠人发明了空气弯管。弯管用金属锡制成，一头掩在口鼻处，另一头伸出海面，弯管连着皮护套从耳颈处扣在头上，将双手"解放"出来，潜到深水处捡寻珠贝。

由于逐个捡贝的效率太低，到了宋朝，有人发明了半机械化的采珠方法：用铁制成弓形的架子，用木头撑开，做成一个网兜，两边绑着石头使其沉入海底，再用绳子绑在船的两边，乘风扬帆，网兜在海底把珠贝兜进来。它的原理跟现在的拖网捕鱼很相似。

在长期的采珠作业中，采珠工具和技术不断改进，采珠逐渐由两三个人变成了数十人的集体劳动，有人操纵铁耙，从船上放筐子，有人张帆，有人把舵，有人负责用绞轮收放。采珠船鼓帆前行，感觉到筐子很重时就停下来，落帆收耙将筐拉起。

这种采珠法，一是机械作业，二是集体劳动，三是借助风力，效率自然更高。明代弘治十二年（1499年）官府出动600艘船、1万人采珠，采得28000两珍珠，就是使用这种方法。

大海充满神秘，入海采珠无异于虎口夺食，经常发生事故，船上的人要是见到水面冒出血迹，就知道潜水者遇到了不测。他们或者缺氧憋死，或者被鲨鱼咬死，要是入冬或开春时节采珠，由于水温很低，还可能被冻死。因此当时的采珠船都事先准备皮袄，放在热水里煮着，人一出水就盖到身上。

采珠的疍户有特殊的风俗。他们潜水采珠时绣面文身，打扮成穷凶极恶的样子，以吓跑传说中守护珍珠的怪物。他们还有一套专门的仪式：每次采珠之前用五牲祈祷，祈求神灵保佑采到珍珠。如果采珠过程天气突变，他们就会把珠子扔回海里，据说只有这样才能避免翻船，要不然就会"片板无存"。

现代珍珠养殖

中国第一颗海水养殖南珠问世

新中国成立之初，天然采捕南珠的生产方式走到尽头。通过人工养殖满足对珍珠的需求，成为人们的愿望。

1905 年，日本一位面条作坊主的儿子御木本幸吉成功培育出世界上第一颗海水珍珠，他因此在日本被尊称为"珍珠皇帝"，成为日本稳坐半个多世纪"第一产珠国"宝座的最大功臣。

人工养殖海水珍珠提上了新中国的议事日程。1955 年，应中国科学院海洋生物研究室的请求，合浦县进行了野生马氏珠母贝的普查，并创办了珍珠养殖场。周恩来总理指示：要把南珠生产搞上去，把几千年落后的自然采珠改为人工养殖。

中国的先人很早就尝试人工养殖珍珠。早在宋朝，有人将异物塞进河蚌体内，培育出了淡水的佛像珍珠，初步摸到了珍珠形成与异物进入蚌类体内有关这一基本"诀窍"。在海水珍珠培育中，科学家和养殖人员经过无数次失败，逐步掌握了采苗、养护、插核等技术。1958 年 11 月，中国第一颗人工养殖海水珍珠在北海问世。1965 年，马氏珠母贝人工育苗取得成功，为人工养殖产业化奠定了基础，南珠生产进入了一个新的时代。

涠洲岛珍珠养殖场

北海附近海域的养殖场

珠农收贝回来准备剖取珍珠

珠农收贝

珠农在开贝取珠

揭秘南珠养殖

珍珠的人工培育，需先受精育出贝苗，并养成可以插核的大贝，然后经过一段时间培育出珍珠。 一般来说，育出的贝为3毫米至1.5厘米称为幼贝，1.5厘米至3厘米称为小贝，3厘米至5厘米称为中贝，5厘米以上称为大贝。

人工育苗

人工育苗指在人为控制的条件下，从马氏珠母贝采取精子、卵子，促其受精、培育并附着后下海养殖的过程。越是健壮的贝苗，培养出的珍珠越大越好。因此，人工育苗是保障珍珠质量的关键。

吊养的马氏珠母贝

育苗第一步是选择种贝，种贝又叫"亲贝"。为了防止退化，需采集不同海域自然生长的马氏珠母贝作为种贝。种贝中至少应有部分属于天然珠母贝。

　　健壮和性成熟是种贝的两大条件。健壮的马氏珠母贝外形完整，贝体厚大，生长纹明显，闭壳肌收缩有力；体高应在6厘米以上，无病害；贝龄应在2—3龄。性成熟的马氏珠母贝性腺丰满。雌贝的性腺呈浅黄色，表面粗糙，呈颗粒状；雄贝性腺呈乳白色，表面光滑。适宜繁殖的雌贝和雄贝的泄殖孔，有少量生殖细胞溢出。放在显微镜下观察，圆形的卵子大小均匀，直径在50—60微米之间；而成熟的精子呈鲜奶状，加少许氨浓度0.05‰—0.06‰的海水，在显微镜下显得十分活泼。

　　马氏珠母贝生长最旺盛的时期在其性成熟后每年的5—10月，有2—4次较明显的产卵高峰。何时出现高峰，取决于其性腺生殖细胞的发育情况。马氏珠母贝繁殖高峰的时间和次数并非固定不变，它会随着环境变化而变化。温度剧变、水流激荡，都会刺激马氏珠母贝产卵排精。

　　为了获取马氏珠母贝的精卵，需要进行人工诱导：将选择的种贝，按雌雄2：1的比例，置于15℃水温的海水中，然后快速排干水，再注入32℃水温的海水。反复两次进行水温刺激，马氏珠母贝开始产卵排精。也有将育苗池砌成弯曲形状，将种贝按雌雄2：1的比例，置于池内阴干，然后快速往水池内注入海水，使水流激荡起波浪，马氏珠母贝受到水流刺激就会产卵排精。

　　还有一种比较常用的方法，采取杀贝方法取卵、取精：选择性腺成熟的马氏珠母贝，剪去外套膜、足丝、鳃、唇瓣，使性腺充分裸露，用吸管刺穿性腺吸取精子或卵子。卵子泡在海水中激活半小时后，将精、卵按 1：2 的比例注入氨浓度为 0.05‰—0.06‰的海水的受精缸内，轻轻搅拌约 10 分钟促使其充分受精。

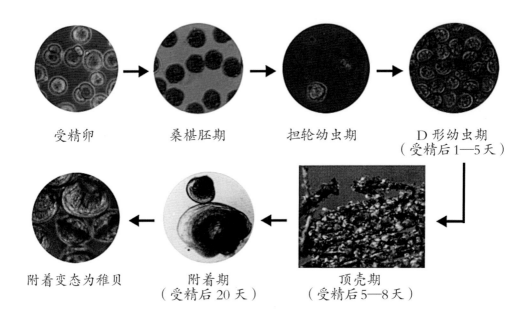

受精卵　　　　桑椹胚期　　　　担轮幼虫期　　　　D 形幼虫期
　　　　　　　　　　　　　　　　　　　　　　　（受精后 1—5 天）

附着变态为稚贝　　　附着期　　　　　顶壳期
　　　　　　　　（受精后 20 天）　（受精后 5—8 天）

马氏珠母贝从受精卵到长成稚贝的过程

珠农在养殖场观察珠贝生长情况

1978年，合浦县珍珠场
技术人员正在检查人工
孵化的马氏珠母贝苗

20世纪70年代，珠农从海上收贝归来

20世纪70年代，合浦珠农正在开贝取珠

马氏珠母贝的受精卵在水温为27℃—29℃的条件下，约4小时受精胚胎就会发育到"原肠期"，开始上浮游动。为了避免密度过高，应将幼虫分批收集，分缸暂养约12小时。分缸暂养后的马氏珠母贝幼虫约24小时后发育成D形幼虫，这时需分苗下池。D形虫下池后，逐步添加过滤海水以水换水，并保证水中有足够的溶氧量，同时投放饵料。通常D形虫下池50天后即可以长成稚贝。

马氏珠母贝幼虫经过约18天培育后，开始进入附着变态阶段。有30%幼虫出现眼点时，用蓬松的胶丝团作为附着器，吊挂于池中吸引贝苗附着于上面，并移至海域。待幼虫长至体高3毫米时，开始分笼吊养。

育苗须同时培育饵料。马氏珠母贝幼虫以单细胞藻类作为饵料，如扁藻、盐藻、叉鞭金藻等。这些藻类可在阳光下进行光合作用，靠吸收二氧化碳生长。

北海20世纪80年代地播式珍珠养殖场

贝苗管养

马氏珠母贝幼苗长到 1.5 毫米后，进入管养阶段，且需一直养到可进行植核为止。为了在尽量短的时间内养出个大体壮的马氏珠母贝，人们普遍选择在无河溪汇入的海湾内，要求避风好，水深 5—6 米，低潮时水深仍在 1 米左右，水流畅通，水质清洁，海底底质为沙或沙泥，浮游生物丰富，海水比重在 1.016—1.022 之间，最低不能少于 1.013 的海域养殖。夏天水温不超过 32℃，冬天不低于 13℃。

经过不断试验，人们探索出以下几种养殖方式：

一是垂下式或棚架式：在海域打下水泥桩或搭起棚架，将贝笼吊挂于桩上或棚架上。贝笼随海水涨落，马氏珠母贝不处于固定的水层。

装着马氏珠母贝的贝笼

垂下式养殖马氏珠母贝

二是浮筏式：利用密闭的旧油桶、塑料浮桶扎成大浮筏，固定于海域，把贝笼吊挂在浮筏上。

浮筏式养殖马氏珠母贝

三是浮子悬绳式：用绳子将浮子串联起来，绳的两端锚定在海底。浮子分成不同的养殖区，在浮子之间吊挂贝笼。这种吊养方法抗风力较强。

珠农正在整理采用悬绳式养殖珍珠的浮子

四是底层平播式：多在沙质海底的海域，于低潮时将贝笼投放于海底。用桩柱将贝笼固定。但泥质海底不宜采用这种方式，因为网眼容易被泥淤塞。

马氏珠母贝从幼苗到大贝，随着贝体长大，为避免拥挤，使贝体有足够的生活空间，同时避免摄食不足、水流不畅，需要珠农不断"腾笼换贝"。一般在幼贝、小贝阶段需要更换四种网眼的笼具，进行四次分疏。为了避免泥沙、浮游生物及海草等碎屑堵塞网眼，还需要经常洗刷笼网。由于海水不同深浅处的水温不同，珠农需要随着季节变换，将养殖笼调

珍珠养殖过程中，要经常性对珠贝进行清理，以防止淤泥影响它们呼吸，同时防止天敌的侵害

节到合适的水层吊养。

　　马氏珠母贝的养殖过程，也是一个与马氏珠母贝天敌斗争的过程，海水中的苔藓虫、牡蛎、藤壶、海鞘、海藻等，非常容易附着在马氏珠母贝外壳上，影响马氏珠母贝生长，需要人工清除。而由于马氏珠母贝以足丝附着笼具，清理时不能强力拉拔，而需采取用水龙头冲刷或用刀刮除的办法，在操作中要避免贝体受伤。清除天敌时，还应尽量缩短马氏珠母贝的"露空"时间，避免被日光暴晒。

珠农将清理过的珠贝重新放回大海

母贝植核

　　母贝植核又叫插核，是培育珍珠的一个重要环节。马氏珠母贝的存活、生长与水温高低关系密切，植核施术后的马氏珠母贝对水温尤为挑剔，因而选择恰当的季节植核十分重要。

　　实践表明，水温超过30℃时，植核后的马氏珠母贝死亡率高。而高水温时期正是马氏珠母贝繁殖季节，马氏珠母贝性腺丰满，施术时稍有不慎就会伤及马氏珠母贝，造成精、卵溢出及黏液的分泌，污染手术创面，导致发炎、脱核，乃至贝体死亡。而在水温低于18℃时，施术植入马氏珠母贝的细胞片长成珍珠囊需要较长时间，分泌珍珠质的速度慢。鉴于以上两种情形，一般不在初夏到中秋，入冬到早春季节植核。

　　最适于马氏珠母贝生长的水温在20℃—28℃。出产南珠的广西、海南、广东海域，对应上温度的时间为4—6月和9—10月。由于4—6月后进入夏季，水温升高有利于珍珠生成，所以珠农大多选择在这一时间段植核。植核的过程，简单地说，就是将外套膜小片连同珠核一起，植入育珠贝的贝体内，让它在养殖过程中分泌珍珠质形成珍珠。

每年春天，北海的珍珠养殖场都能看到这种集体植核的劳动景象

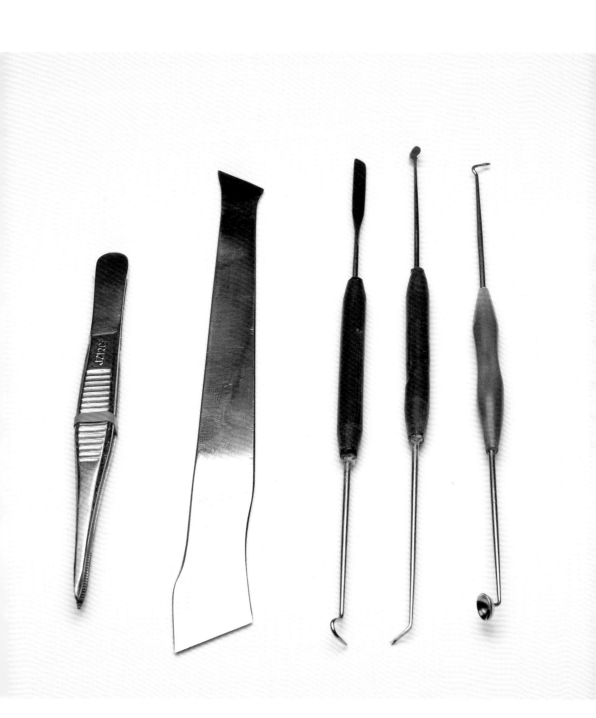

植核工具

植核首先是选择制片贝和植核贝。从制片贝身上截取外套膜，与珠核一起植入植核贝育珠。制片贝和植核贝需要精心挑选，前者选取贝龄2—3龄的健壮马氏珠母贝；后者越大越好，贝龄2—3.5龄，壳高7厘米以上、壳宽2.5厘米以上。也有选择2贝龄马氏珠母贝插核。由于贝体较小，只能植入小珠核，但贝体生长力旺盛，分泌珍珠质快，植核后的成活率高，养殖时间缩短。缺点则是育出的珍珠较小。

制片贝和植核贝需要作术前处理。天然采获的马氏珠母贝活力太强，需要静置"饿"上一段时间。两种贝施术前需通过人工干预促使其排掉精卵，俗称"催产"。"催产"方式跟育苗一样，通过温度急剧变化、水流激荡，或者剪断足丝的刺激，达到排放精卵的目的。

从制片贝切取植核所需的外套膜时，先把排放了精卵的母贝置于海水中暂养一至两天，让其把体内的泥沙排尽；手术时从背部将其剖开，从唇瓣下方至肛门的外套膜作条状切下，同时把外套膜边缘切掉。否则它会分泌棱柱质、角皮质，影响珍珠质量。切下的膜条轻拭干净，用贝体组织液滋润，切成小片消毒后备用。

植核贝的术前准备更为复杂。为减轻对贝体的伤害，宜将待植核的马氏珠母贝置放在20℃—25℃的海水中，诱使其自然开口，然后用消毒的竹木质楔子卡住贝壳口，再将外套膜和珠核一起植入其体内。

用楔子卡住贝口的育珠贝，等待植核手术

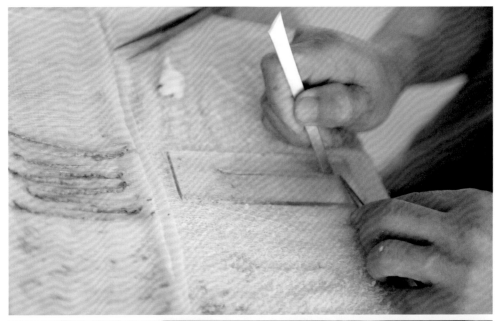

技术人员正在将制片贝取下的细胞带切成小片段（学名外套膜）。小片段需和珠核一起植入育珠贝体内

植入育珠贝体内的珠核，多为淡水背瘤丽蚌、蟾背蚌、弯蚌的贝壳打磨而成。插核前经过漂洗、浸泡、消毒、晾干处理。这些蚌的贝壳较厚，比重及膨胀系数与珍珠相近，有利于育成珍珠的加工、保藏，而不会因硬度、膨胀系数的差异导致珠层爆裂。

用淡水蚌壳磨成的珠核

植核技术要求很高，因为它直接影响马氏珠母贝术后成活率、留核率及优质珠率。切口的位置、宽窄要恰当，不能伤及足丝腺。通常一个马氏珠母贝植入1至2粒珠核。将珠核送至切口的核位时，要与外套膜小片外表皮紧贴。珠农总结植核要诀如下：选位要准，动作要稳，切口宜小，通道莫大，一次到位，核片紧贴，切口平整，干净不脏。

珠农小心地将珠核植入育珠贝的珍珠囊

植珠管养

植核等于对马氏珠母贝做了一次"大手术"，必然导致其术后身体虚弱，因此需要提供良好的术后"生活条件"以使其恢复活力，时间为20—25天。一要防止植核贝因衰弱而死亡，二要防止其活动过多导致吐核。

马氏珠母贝植核后，首先要尽量缩短脱水时间。为了保障植核贝平安度过术后休养期，过去先是置放于休养池中，充分供氧并投放天然饵料（藻类），将术后贝排列在笼中，创造一个"饭"来张口，不受干扰的舒适环境，减少其活动，防止珠核脱落，约10天后再将其分笼吊养于海域。

考虑到成本因素，现在都直接将植核贝投海养殖。选择的海域要求风平浪静，各种敌害生物少；水深一般3米左右，这样深度海域的水层、水温和比重相对稳定，昼夜气温变化较小，受雨水的影响不大，植核贝不易因温度变化、水流激荡影响愈合而吐核。

术后休养期过后，植核贝进入育珠养殖阶段。

珍珠质的分泌决定养殖珍珠的质量，要尽量保障和促进珍珠质的分泌，提高珍珠品质，就要最大限度保证植核贝良好的生长条件，包括良好的水质，充分的溶氧，相对稳定的水温、比重，充足的天然饵料以及尽量免受敌害侵扰。

由于成本、技术、市场等各种因素，珍珠养殖容易出现短期行为，植核贝的贝龄越来越提前，珍珠越来越小，珠层越来越薄，这种情形需要引起警惕。

彩色珍珠

　　人工养殖珍珠颜色并不完全一致，珍珠的色泽不同有多种原因，比如在植核过程中外膜片污染，育出的珍珠就会变黑。此外，养殖环境不同，海域水体含有的不同金属元素，也会造成珍珠偏白、偏黄或偏暗。

　　与这种"无心插柳"不同，一些养殖者根据珍珠染色的原理培育海水彩色珍珠：他们把珍珠养殖池靠着对虾养殖池，养殖对虾投放优质饵料时往虾池供氧，虾池的水中饵料丰富、氧气充足，饵料未被对虾全部摄食、吸取，会随着虾池排出的海水注入珍珠养殖池，植核贝吊养其中，投放适当比例的金属氧化物溶液，珍珠即可"以人的意志为转移"着色，培养出五颜六色的珍珠。

彩色珍珠

彩色珍珠

疵珠防治

植核贝先天不足、养殖过程受到环境的影响，都会导致育出疵珠。疵珠叫法不一，大致有以下几类，它们有不同的特征和成因。

骨珠。骨珠的表面没有珍珠质，瓷白无光。

泥珠。又叫"有机质珍珠"，呈茶褐色或黑褐色。

黑头珠。黑头珠的珠体未能全部为珍珠层包裹，没有包裹的少部分状如黑头。

污珠。污珠呈污黑色，没有珍珠应有的晶莹洁白，像受过污染一样。

皱纹珠。皱纹珠表面不规整，粗糙且呈现不规则条纹。

尾巴珠。尾巴珠较为常见，珠体表面带有尾巴尖状。

肋纹珠。肋纹珠表面有明显的一条或数条肋纹。

盐珠。盐珠表面蒙上一层细盐粒似的白色表层，缺少应有的光泽，它是病贝或死贝所产的珍珠。

附壳珠。附壳珠指植核、植片失误造成紧贴于贝壳的珍珠。

疵珠防治的要点：一要保证植核操作规范，手术精准。制外套膜小片时将色线以外部分、附着肌束切除干净，外膜套制片规整，植入时一次性完成；植入的外套膜小片或珠核离孔口距离合适，避免外套膜外表受伤，同时严格消毒。二要保证水体质量和管护到位，保持溶氧量和饵料充足，防止病菌滋生致病，并尽量在冬季收珠。

珍珠采收

珍珠的养殖年限由两方面因素决定：一是养殖者希望珍珠达到的等级；一是养殖海域的水温、比重、水质、饵料、底质、水流、避风等条件。日本海水珍珠养殖从育苗到采珠约六七年，也就是从幼苗到适合植核约三年半，植后育珠时间约三年半。

植核后养殖的时间并非越长越好。三年半以内分泌的珍珠质最佳。养殖时间过长，一来珍珠质的质量下降，二来分泌珍珠质的速度明显减缓，投入产出的效益比并不合算。

北部湾的水温高于日本海域，植核后养殖两年即可达到后者养殖三年半的珍珠层厚度。同一海湾的不同海域，由于环境各种因素的差异，对植核贝的珍珠层分泌影响不一。一般而言大核长养，小核短养。北部湾的珍珠贝植核后养殖一到两年已具备商品价值。

珍珠采收一般在冬季，每年 12 月至次年的 2 月，尤以 1—2 月时水温最低时最佳，这时候的珍珠光泽晶莹，质量最好。这是由于冬季水温低，马氏珠母贝分泌的霰石晶体及珍珠质较慢，排列、聚合有规则，分泌的珍珠质覆盖在霰石晶体上，珍珠因绕射呈现一种特别的光泽。

珍珠加工

珍珠从马氏珠母贝体内取出时，须即刻置于储有清水的器皿中，如果露空放置，脱胎而出的珍珠表面的胶质碳酸钙和有机质会发生凝结，珍珠表层很快蒙上一层雾状白色薄膜，严重影响珍珠光泽。

珍珠剖取后第一道工序是清洗：将珍珠除去贝肉碎屑、黏液，剔除异形珠及各种碎屑、砂粒，在这一过程中要避免损伤珍珠表层。

由于刚从贝体剖取的珍珠所含水分较多，珍珠质韧性差，清洗时切勿将其成把抓在手里揉搓；动作需轻柔，用弱碱性的皂液泡洗后滤出，洗净吸干水渍自然晾干。

为了增加珍珠的光泽，可将珍珠适度抛光。一是用浸过松节油的软皮打磨，二是用 30% 浓度的双氧水浓溶液漂白，再投入 30% 浓度的氨水中和。清水冲洗后装在细木屑、细盐粉的布袋揉捏，通过摩擦使珍珠增光。

珍珠首饰需要钻孔。过去人工钻孔采取从两头分别钻至珠核中间形成直孔的方法，稍有不慎就可能偏离。现在借助钻孔机再也没有这个问题。有瑕疵的珍珠通过打孔可以掩饰其美中不足，提高等级。

由于养殖环境或技术的影响，一些海水珍珠颜色偏黄、淡绿或茶褐色，需作染色处理，有的直接染成蓝色、黑色；如染成粉红色、白色、玫瑰色等流行色调，则需漂白之后再染色。

刚剖取的原珠需要经过清洗

珍珠的等级与保养

珍珠评级

无论是将采获的天然珍珠进贡，还是用于贸易，珍珠都需要分级。古人把天然珍珠分为"九品"：大品、珰珠、走珠、滑珠、磉砢珠、官雨珠、税珠、葱符珠、稗珠。还有把南珠分为精珠、褪光珠、肉珠、糙珠和药珠。"精珠"有"七分为珍，八分为宝"的说法。"分"指的是重量。以前每市斤 =16 两，1 分就是 0.3125 克，七八分的珍珠每颗重约 2.5 克，一串 108 颗的珠链重量超过 250 克。这样的珍珠价格十分昂贵。

珠层厚度决定珍珠的质量，南珠厚层珠达 450 微米以上，中层约 400 微米左右，薄层从外即可看到珠核。珍珠总体以"圆、大、色、光、质"五字为标准，结合种类、产地、形状、光泽、颜色等综合判断。市场上的南洋珍珠、大溪地珍珠和马氏珠母贝所产的南珠和日本珠，对其档次一般凭借知识和经验，用肉眼判断即可，批量或珍宝级的珍珠则要借助仪器鉴定。

一看形体，又称"品相"。"珠圆玉润"，"圆"是珍珠最基本的要求。圆分为最佳、次佳和不佳。标准的圆珠称为"精圆"。

二看大小。同一种类的珍珠，颗粒越大，表明生成的年限越长，珠层越厚。

三看色彩。以晶莹、纯净、均匀为佳，以发暗、污浊、不匀为劣。受地域的文化传统、审美情趣、民族习惯影响，人们对珍珠色彩的偏爱不尽相同。

四看光泽。珍珠的光泽由珍珠质及霰石结晶质量决定。光泽好，表明珠层多，珍珠质厚，霰石结晶规整。珍珠的光泽以灿烂、柔美为佳，晦暗、呆滞者为劣。

五看质地。主要看表层有无裂痕、压凹、抓纹。珍珠表层有黑影，存在破损、裂纹和白色、黄色、黑色疵点，或者珍珠孔过大、孔口粗糙、孔位不正等，都影响质地。

国际上通常把珍珠分为 A、B、C、D 四个级别。

A 级 (Aa、Ab、Ac)：形体为圆形或接近圆形。无明显瑕疵，色彩良好，珠光璀璨、柔美的天然珍珠或人工养殖珍珠。Aa 级珍珠属于珍宝级。

B 级 (Ba、Bb、Bc)：形体有"梨形""泪滴形""蛋形""茧形""本庄圆形"，表层无瑕疵，色彩宜人、光泽柔美的天然珍珠或人工养殖珍珠。它大量用于常见的各种饰物。

C 级 (Ca、Cb、Cc)：形体、色彩、光泽方面不完美，或者形体不规则，但色彩、光泽好；或者形体、色彩和光泽好，但颗粒过小；或形体较好，但色彩、光泽有明显缺陷的天然珍珠或人工养殖珍珠。

D 级 (Da、Db、Dc)：形体不规则、有严重的瑕疵、抓痕、破损；或形体尚好，但色彩、光泽很差的天然珍珠或人工养殖珍珠。

一般来说，天然珍珠优于人工养殖珍珠，海水珍珠优于淡水珍珠。珍珠长时间存放，保养不当，会出现泛黄、皲裂、失光，所谓的"人老珠黄"就是这个道理。此外，珍珠的抛光、修整、打孔有无造成损伤，串珠搭配其大小、形状、色彩是否和谐，也是判定珍珠等级的因素。

海水养殖珍珠等级

Mariculture pearl rating

海水养殖珍珠分级标准样品图

Seawater samples were cultured pearl grading chart

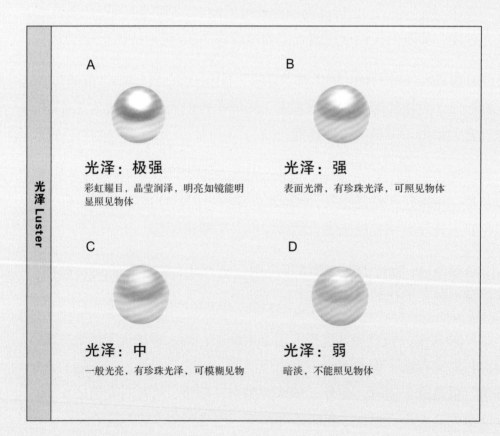

光泽 Luster

A

光泽：极强

彩虹耀目，晶莹润泽，明亮如镜能明显照见物体

B

光泽：强

表面光滑，有珍珠光泽，可照见物体

C

光泽：中

一般光亮，有珍珠光泽，可模糊见物

D

光泽：弱

暗淡，不能照见物体

续表

光洁度 Surface Perfection

A

光洁度：无瑕

表面非常光滑，珠层与珠核结合非常
结实，肉眼看不到任何瑕疵

B

光洁度：微瑕

表面光滑，珠层与珠核结合结实，
可见少许瑕疵，无崩落，破损现象

C

光洁度：小瑕

表面欠光滑，珠层与珠核结合欠结
实，可见瑕疵，有尾巴

D

光洁度：瑕疵

表面不光滑，珠层与珠核结合松散，
可见明显瑕庇，有脱落、裂痕等现象

中国淡水珍珠

Chinese freshwater pearls

3SLC质量评价体系标准样品图解

3SLC quality evaluation system standard sample diagram

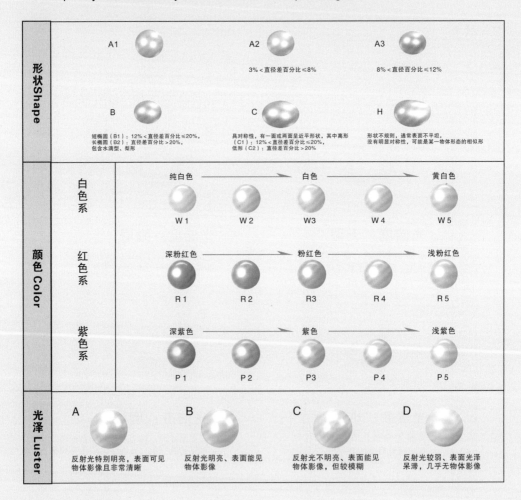

形状Shape		
A1	A2	A3
	3%＜直径差百分比≤8%	8%＜直径百分比≤12%
B	C	H
短椭圆（B1）：12%＜直径差百分比≤20%，长椭圆（B2）：直径差百分比＞20%，包含水滴型、梨形	具对称性，有一面或两面呈近乎形状，其中高形（C1）：12%＜直径差百分比≤20%，低形（C2）：直径差百分比＞20%	形状不规则，通常表面呈不平坦，没有明显对称性，可能是某一物体形态的相似形

颜色 Color

白色系　纯白色 → 白色 → 黄白色
W1　W2　W3　W4　W5

红色系　深粉红色 → 粉红色 → 浅粉红色
R1　R2　R3　R4　R5

紫色系　深紫色 → 紫色 → 浅紫色
P1　P2　P3　P4　P5

光泽 Luster

A	B	C	D
反射光特别明亮，表面可见物体影像且非常清晰	反射光明亮、表面能见物体影像	反射光不明亮、表面能见物体影像，但较模糊	反射光较弱、表面光泽呆滞，几乎无物体影像

续表

光洁度 Surface Perfection				
A 表面光滑细腻 肉眼极难发现瑕疵		**B** 表面有非常少的瑕疵 似针点状，肉眼不易发现		小花点 珍珠表面微点状瑕疵
C 表面有较小的瑕疵 肉眼易观察到	中花点 珍珠表面较多点状瑕疵	隐螺纹 珍珠表面不明显凹陷 细螺纹状瑕疵		小花皮 珍珠表面小面积花纹状瑕疵
D 表面有较多且较明 显的瑕疵，对珍珠 美感影响很大	大花点 珍珠表面很多且较大 的点状瑕疵	大花皮 珍珠表面大面积花纹状瑕疵		乌心 珍珠表面视觉呈暗黑色
	腰线 珍珠表面环带状瑕疵	毛片 珍珠表面断层状瑕疵		深螺纹 珍珠表面较深或较粗 凹陷螺纹状瑕疵
	剥落痕 整个珍珠表层皱纹状 或花斑状瑕疵	破损 珍珠表面破裂、缺损		裂纹 珍珠表面纹理状裂隙

珍珠的鉴别和保养

珍珠的主要用途是制作首饰，如珍珠项链、珍珠戒指、珍珠耳饰、珍珠挂坠、珍珠胸花、珍珠发夹、珍珠领带夹、珠宝摆件等，其高贵典雅能衬托使用者的气质。由于科技的飞速发展，珍珠造假几乎可乱真，珍珠鉴别尤其重要。

鉴别珍珠，一是鉴别珍珠的优劣，二是鉴别珍珠的真假，三是鉴别海水珍珠与淡水珍珠。

珍珠的优劣：不同产地、不同种类的珍珠，不宜笼统说孰优孰劣。市场上的海水珍珠主要有产自泰国、菲律宾、缅甸的南洋珍珠，产自法属波利尼西亚盐湖的大溪地珍珠，产自日本的珍珠和中国南珠。南洋珍珠、大溪地珍珠颗粒粗大，多用来制作挂坠、耳环、胸针、头饰等；日本珍珠和南珠颗粒相对较小，较多制作珠链。

同种类的珍珠，珠层越厚，光泽越亮。由于贝类不同，生长环境的差异，珍珠有不同的颜色，如白、金、银、粉、红、黑、灰等。南洋珍珠、大溪地珍珠以金黄色、银白色和黑色为主；南珠以白色稍带玫瑰红为最佳。南珠珠层细腻密实，色泽自然柔和，彩虹最为明显，能清晰照出人脸；日本珠也有这个特点。

海水珍珠与淡水珍珠：海水珍珠珠层细腻密实，具有半透明的凝胶状外表；淡水珍珠珠层疏软，光泽晦暗。过去由于海水珍珠插核养殖，淡水珍珠插片养殖，直接看其圆与不圆即能分辨海水珍珠与淡水珍珠。如今，随着淡水珍珠也同样插核养殖，需使用其他方法进行鉴别。

真珍珠与假珍珠：有道是"无瑕不成珠"，在自然养殖环境下，完全洁白无瑕的珍珠十分罕见，仿造的珍珠却能做到毫无缺点。普通消费者可以通过以下几种方法鉴别珍珠的真假，一看触感：真珠手感凉爽、凝重，在牙齿或玻璃上轻轻摩擦有涩感；而假珠手感滑腻、轻飘，摩擦时无涩感。二看光晕：真珠有五彩光晕，可映出人脸；假珠无彩晕，不能映出人脸。三看弹跳：置于同样的高度，真珠弹跳高；假珠弹跳差。

想要避免买到质次价高的珍珠和假珠，最好的办法就是到正规商店购买。珍珠一般都有鉴定标签和原产地标识。对于颗粒硕大，表面光洁、无可挑剔的珍珠要特别小心选购。

珍珠的保养：珍珠的主要成分为碳酸钙，容易受光热环境特别是酸性物质影响，应避免接近高温和受太阳暴晒，不要接触定型发水、化妆品和香水之类的物质。久戴的珍珠可放入清洁的温水浸泡15—20分钟，用软布擦拭后自然晾干即可。洗澡和运动时最好将珍珠饰物摘下，避免洗洁剂、汗渍、浓香水影响其寿命，尤其不宜用酒精一类的物质擦拭珍珠。

珍珠鉴别常用方法

直观法

直观法：珍珠有天然纹理，无论如何也看得出光泽颜色的不统一，圆度不一。 一串珍珠项链，珠子大小也有差异，且具有自然的五彩珍珠光泽。假珍珠圆度规则，钻孔处有小块凸片或表皮脱落现象且颜色统一，呆板单调。

手摸、嗅闻法：珍珠爽手，有凉感，轻度加热无味，嘴巴对之呼气，珍珠表面呈雾气状。假珍珠手摸有滑腻感、温热感，轻度加热有异味，将之放近嘴边，呈现水气。

手摸法

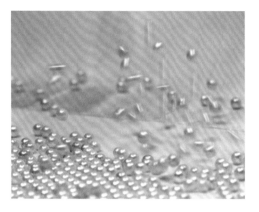

弹跳法

弹跳法：将珍珠从60厘米高处放下掉在玻璃板上反弹，高度为20—25厘米。同样条件下，假珍珠反弹15厘米以下且连续弹跳性比珍珠差。

放大观察法：用一个普通的放大镜或肉眼近距离仔细观察，可发现珍珠表面有纹理，能见到碳酸钙结晶生长状态，好像沙丘被风吹的纹状。假珍珠表面则只能看到蛋壳样的较均匀的涂层或者类似鸡蛋表面那样高低不平。

放大观察法

摩擦法：用两颗珍珠互相轻轻摩擦，有粗糙、沙涩感的是真的珍珠；而互相打滑的则是假珍珠。建议用此方法鉴别珍珠最宜，最不易损坏珍珠本身。

摩擦法

南珠与"海上丝绸之路"

从古代珠市到珠光帆影

合浦是"海上丝绸之路"最早的始发港。早在汉代就有官方船队从合浦港出发，带着黄金、丝绸、陶瓷、茶叶、农具等物品，沿着太平洋、印度洋海岸前往南亚各地，最远到达阿拉伯海、波斯湾沿岸的西亚国家，并带回珍珠、香料、琉璃、玛瑙、水晶等。

古代合浦"郡不产谷物，而海出珠宝"，人们用珍珠与交趾交换粮食。作为海上丝绸之路的始发港，珍珠也扮演了重要的角色。

始发港是货物的集散地。经合浦出口的丝绸、陶瓷、黄金等，大都来自中原地区。它们从长江到湘江，经过秦始皇修筑的灵渠到达桂江，然后经北流江、南流江汇集合浦港，与从海外进口的香料、琉璃、琥珀、玛瑙等进行交易。合浦出产的珍珠成为重要的中介物，并形成了珍珠市场。这个市场除了合浦珍珠，也有进口的洋珠。通过海上丝绸之路进口的洋珠，引领了中国将珍珠当作奢侈品的时尚，刺激了合浦当地的采珠业，吸引中原客商前往采购，珍珠贸易因此兴起。

南珠贸易流传着许多故事。西汉的京兆尹（相当于首都市长）王章因为得罪大将军王凤被杀后，其夫人与女儿被发配到合浦。她在合浦从事珍珠生意，积累了百万家财。她也是史书记载的第一个南珠"百万富婆"。

南珠贸易与政治、军事、外交活动有关。刘邦封为汉王时，为了得到汉中，请张良将两斗珍珠送给项羽的叔叔项伯，最终如愿以偿。三国的孙权用珍珠与曹操交换战马，声称"曹操要的珍珠对我来说不过是瓦块石头"，为了攫取更多"瓦块石头"，孙权把合浦珠池占为己有，颁布了严厉令法，禁止珍珠的采捕和交易。

唐朝时合浦珍珠市场就十分红火，唐代诗人项斯描写过合浦珠市其乐融融的太平盛世生活：

领得卖珠钱，还归铜柱边。看儿调小象，打鼓试新船。

在明朝文学家冯梦龙的《喻世明言》中，有一篇《蒋兴哥重会珍珠衫》的故事，讲述一个叫蒋兴的珍珠商人到合浦贩珠发生的一串曲折离奇故事，间接说明当时珍珠民间贸易的普遍性。

明代合浦珠市不仅买卖珍珠，还有各种珍珠贝肉的美食。屈大均在诗歌中写道：

珠市西头近接城，客餐珠肉当琼英。

廉州个个珠娘媚，只为珠池水色清。

从清朝到民国，杭州、广州都设有南珠交易场所。南珠一度在欧洲十分走俏，民国时期一些外国公司在上海开办公司收购南珠，比较有名的如利华、达兴、罗森等。

南珠不会成绝唱

南珠养殖迄今已有六十多年历史，彻底改变了几千年来靠天产珠的历史，"旧时王谢堂前燕"的南珠，大量"飞"入了寻常百姓家，实现了新时代的"合浦珠还"。陈毅元帅当年获悉第一颗人工养殖南珠问世后曾欣喜填词：看合浦今日果珠还，真无价。

南珠养殖仍面临着严峻挑战。由于缺乏完整的养殖质量体系，以及海域环境恶化，南珠生产从 20 世纪 90 年代中期的最高峰，逐步走下坡路。珍珠养殖一方面技术要求高，另一方面"靠天吃饭"，受到环境、气候等不以人的意志为转移的因素制约，人力、物力、财力投入大。人们不无担心，随着工业化的不断推进，作为传统珠业的南珠养殖会不会重复日本的"养珠之路"？

日本自人工养殖成功后，一直雄踞海水珍珠第一产珠国宝座。二次世界大战结束后，日本的工业化进程迅猛，工业与农业的收益比日益悬殊，过去"珠玉之利百倍于农事"，变成"工业之利百倍于农事"，珍珠养殖后继乏人，从宝座上跌落。

南珠，生还是死？这是一个问题。人们设想，借助科技引领，巩固和振兴养殖；利用品牌效应，建设珍珠交易市场；依托悠久历史，建设南珠博物馆，弘扬南珠文化。多管齐下，北部湾几千年的南珠历史将得到赓续，不应、也不会在工业化浪潮中成为绝唱。

蓬勃发展的北部湾

后记

　　从小就知道合浦产珍珠。在北海生活了几十年，反把"他乡当故乡"之后，因为工作的缘故，不断加深对这种瑰丽灿烂的"文化名物"的了解。

　　南珠是北海的土特产，更是一种文化的载体。合浦古称"珠浦媚川"，北海也有"珠城"的美称。做记者时，记不清多少次采访过珠农，观摩他们育苗、插核、护养和收珠，看见过他们在"大珠小珠落玉盘"时的笑颜，也听到过他们在"商夸合浦珠胎贱"时的叹息，见证了2008年遭遇南方罕见的寒冻后一蹶不振、行业萧条的惨象，也感受到北海实施"南珠产业振兴"后的曙光初照。

　　正是这样的感性认知，让我冒昧接受了李元君老师的邀约，接下了撰写科普版《中国南珠》一书的任务。在这一过程中，得到了珠农宁定凤、邓绍松、梁菊萍的帮助；特别感谢南珠宫集团的王丽，提供了许多珍贵的一手资料，让我能对南珠养殖技术的科学奥秘作粗浅的介绍。特别感谢广西水产科学研究院张兴志博士专门审阅了稿件，并作了订正。此外，杨眉、范翔宇、梁小钏、刘如华等朋友也对本书作出了贡献。谨对他们表示诚挚的感谢。

　　特别感谢李元君老师，感谢编辑俞舒悦为本书付出的心血。

　　本书使用照片除署名外，均为北海南珠宫和北海市南珠产业振兴领导小组办公室所提供。

梁思奇

2022年6月

于北海